Mayelin del Río Isla
Omelio Cepero Rodríguez
Jorge Orlay Serrano Torres

Causas, consecuencias, y soluciones de la contaminación ambiental

Mayelin del Río Isla
Omelio Cepero Rodríguez
Jorge Orlay Serrano Torres

Causas, consecuencias, y soluciones de la contaminación ambiental

Contaminación ambiental

Editorial Académica Española

Imprint

Any brand names and product names mentioned in this book are subject to trademark, brand or patent protection and are trademarks or registered trademarks of their respective holders. The use of brand names, product names, common names, trade names, product descriptions etc. even without a particular marking in this work is in no way to be construed to mean that such names may be regarded as unrestricted in respect of trademark and brand protection legislation and could thus be used by anyone.

Cover image: www.ingimage.com

Publisher:
Editorial Académica Española
is a trademark of
International Book Market Service Ltd., member of OmniScriptum Publishing Group
17 Meldrum Street, Beau Bassin 71504, Mauritius

Printed at: see last page
ISBN: 978-620-0-39413-2

Copyright © Mayelin del Río Isla, Omelio Cepero Rodríguez, Jorge Orlay Serrano Torres
Copyright © 2020 International Book Market Service Ltd., member of OmniScriptum Publishing Group

Título: Causas, consecuencias, efectos y soluciones de la contaminación ambiental.

Autores: Mayelin del Río Isla; Omelio Cepero Rodríguez; Jorge Orlay Serrano Torres; Maite Concepción Hernández; Yolanda Suarez Fernández; Abelardo Pérez Gómez.

Resumen:

La contaminación del aire es probablemente uno de los problemas ambientales más serios a los que enfrenta nuestra civilización actual. La mayoría de las veces, es causada por actividades humanas como la minería, la construcción, el transporte, o el trabajo industrial, pero también se produce por la agricultura, que en teoría debería ser la que nos permita alimentarnos y a la vez darle un uso al suelo sobre el que se cultiva, pero que tras años y años de usar pesticidas ha acabado provocando que se produzca esa contaminación del aire.Las malas condiciones ambientales son responsables de 12,6 millones de muertes al año en el planeta, según un informe de la Organización Mundial de la Salud. La contaminación del aire produce serios efectos sobre el hombre provocando tos, irritaciones en ojos y garganta, problemas respiratorios, nerviosos y cardiovasculares llegando a causar cáncer. El sector de la población más afectado por esta contaminación son las embarazadas, los enfermos con complicaciones respiratorias, los ancianos y los niños. El mejor remedio a la contaminación de aire es basar toda nuestra vida en energías limpias y renovables. Además, fomentar el uso del transporte público, de la bicicleta y del coche eléctrico. También es importante el control de las emisiones de gases por parte de las autoridades para fomentar el uso de fuentes alternativas.

Palabras claves: contaminación del aire; contaminación ambiental: polución: contaminación atmosférica.

Índice.

Introducción.

Son muchos los efectos a corto y a largo plazo que la contaminación atmosférica puede ejercer sobre la salud de las personas. En efecto, la contaminación atmosférica urbana aumenta el riesgo de padecer enfermedades respiratorias agudas, como la neumonía, y crónicas, como el cáncer del pulmón y las enfermedades cardiovasculares.

Las malas condiciones ambientales son responsables de 12,6 millones de muertes al año en el planeta, según un informe de la Organización Mundial de la Salud (OMS). Esto supone que alrededor del 23% de los fallecimientos en el mundo se producen por "vivir o trabajar en ambientes poco saludables", según la OMS. La contaminación atmosférica afecta de distintas formas a diferentes grupos de personas. Los efectos más graves se producen en las personas que ya están enfermas. Además, los grupos más vulnerables, como los niños, los ancianos y las familias de pocos ingresos y con un acceso limitado a la asistencia médica son más susceptibles a los efectos nocivos de dicho fenómeno.

La contaminación del aire representa un grave problema de higiene del medio que afecta a los habitantes de los países en desarrollo y desarrollados. Los residentes de las ciudades donde hay niveles elevados de contaminación atmosférica padecen más enfermedades cardiacas, problemas respiratorios y cánceres del pulmón que quienes viven en zonas urbanas donde el aire es más limpio.

La exposición a corto y a largo plazo produce efectos sobre la salud. Por ejemplo, las personas aquejadas de asma afrontan un riesgo mayor de sufrir una crisis asmática los días en que las concentraciones de ozono a nivel del suelo son más elevadas, mientras que las personas expuestas durante varios años a concentraciones elevadas de material particulado (MP) tienen un riesgo mayor de padecer enfermedades cardiovasculares.

La contaminación del aire es una mezcla de partículas sólidas y gases en el aire. Las emisiones de los automóviles, los compuestos químicos de las fábricas, el polvo, el polen y las esporas de moho pueden estar suspendidas como partículas. El ozono, un gas, es un componente fundamental de la contaminación del aire en las ciudades. Cuando el ozono forma la contaminación del aire también se denomina smog.

Algunos contaminantes del aire son tóxicos. Su inhalación puede aumentar las posibilidades de tener problemas de salud. Las personas con enfermedades del corazón o de pulmón, los adultos de más edad y los niños tienen mayor riesgo de tener problemas por la contaminación del aire. La polución del aire no ocurre solamente en el exterior: el aire en el interior de los edificios también puede estar contaminado y afectar su salud.

La contaminación del aire representa un importante riesgo medioambiental para la salud. Mediante la disminución de los niveles de contaminación del aire los países pueden reducir la carga de morbilidad derivada de accidentes cerebrovasculares, cánceres de pulmón y neumopatías crónicas y agudas, entre ellas el asma.

Cuanto más bajo sean los niveles de contaminación del aire mejor será la salud cardiovascular y respiratoria de la población, tanto a largo como a corto plazo. La contaminación del aire se produce cuando ciertos gases tóxicos entran en contacto con las partículas de la atmósfera, perjudicando de forma seria y dañina a la salud del hombre, de animales y plantas.

¿Qué es la contaminación del aire?

La contaminación del aire puede definirse como la presencia de productos químicos tóxicos o compuestos (incluidos los de origen biológico) en el aire, a niveles que representan un riesgo para la salud.

La contaminación del aire es la concentración alta de compuestos tóxicos en el ambiente y que pueden provocar efectos dañinos en los seres vivos y el ambiente terrestre.

Al igual que con la contaminación del agua y la contaminación de la tierra, es la cantidad (o concentración) de un producto químico en el aire que hace la diferencia entre "inofensivo" y "contaminación". El dióxido de carbono (CO_2), por ejemplo, está presente en el aire alrededor de usted en una concentración típica de menos del 0.05 por ciento e inhalarlo generalmente no hace daño (usted lo respira todo el día). Pero el aire con una concentración extremadamente alta de dióxido de carbono (digamos, 5-10 por ciento) es tóxico y podría matarlo en cuestión de minutos. Dado que la atmósfera de la Tierra es muy turbulenta, muchos de nosotros vivimos en países con viento, la contaminación del aire a menudo se dispersa con relativa rapidez.

En un sentido aún más amplio, la contaminación del aire significa la presencia de productos químicos o compuestos en el aire que normalmente no están presentes y que reducen la calidad del aire o causan cambios perjudiciales en la calidad de vida (como dañar la capa de ozono o causando el calentamiento global).

Según un artículo de National Geographic, se considera contaminación del aire a cualquier sustancia, introducida en la atmósfera por las personas, que tenga un efecto perjudicial sobre los seres vivos y el medio ambiente. Entonces, hablamos de una mezcla de partículas sólidas y gases en el aire, por ejemplo, el ozono que es un gas fundamental de la contaminación del aire en las ciudades y que se denomina smog.

A su vez, mediante la disminución de los niveles de contaminación del aire los países pueden reducir la carga de morbilidad derivada de accidentes cerebrovasculares, cáncer de pulmón y neumopatías crónicas y agudas, entre ellas el asma.

La contaminación del aire es probablemente uno de los problemas ambientales más serios a los que enfrenta nuestra civilización actual. La mayoría de las veces, es causada por actividades humanas como la minería, la construcción, el transporte, o el trabajo industrial, pero también se produce por la agricultura, que en teoría debería ser la que nos permita alimentarnos y a la vez darle un uso al suelo sobre el que se cultiva, pero que tras años y años de usar pesticidas ha acabado provocando que se produzca esa contaminación del aire. A todo lo que acabamos de mencionar, cabría sumar también los procesos naturales como erupciones volcánicas e incendios forestales que también pueden contaminar el aire, pero su presencia es rara y usualmente tienen un efecto local, a diferencia de las actividades humanas que son causas omnipresentes de la contaminación del aire y contribuyen a la contaminación global del aire cada día.

Consideraciones generales del aire.

El aire: Es la capa gaseosa que envuelve la tierra. El aire que respiramos tiene una composición muy compleja y contiene alrededor 1000 compuestos diferentes.

Elementos:

Los principales elementos que se encuentran en el aire son Nitrógeno, Oxígeno e Hidrógeno. Sin estos tres elementos, la vida en la Tierra sería imposible. El aire contiene Argón, que es un gas inerte, Dióxido de Carbono (CO2), cantidades poco significativas de Metano y Radón.

Componentes:

Los componentes constantes del aire son alrededor de 78% de nitrógeno, 21% de oxígeno y el 1% restante se compone de gases como el dióxido de carbono, argón, neón, helio, hidrógeno, otros gases y vapor de agua.

Los componentes variables son los demás gases y vapores característicos del aire de un lugar determinado.

Propiedades físicas:

- Es de menor peso que el agua.
- Es de menor densidad que el agua.
- No tiene volumen definido.
- No existe en el vacío.
- Es un fluido transparente, incoloro, inodoro e insípido.
- Es un buen aislante térmico y eléctrico.
- Un litro de aire pesa 1,29 gr., en condiciones normales.

Propiedades químicas:

- Reacciona con la temperatura, condensándose en hielo a bajas temperaturas.

Composición del aire puro.

El aire está en la atmósfera formando la capa gaseosa que envuelve la Tierra. La atmósfera consta a su vez de varias capas:

- **a) Tropósfera:** Es la más cercana y se extiende aproximadamente a 15 Km. de la superficie de la tierra.

- **b) Estratósfera**: Se extiende desde el límite de la tropósfera, hasta los 50 Km de altura.
- **c) Mesósfera:** Zona que se sitúa entre los 50 y los 100 Km.
- **d) Ionósfera:** Empieza después de los 100 Km. y va desapareciendo gradualmente hasta los 500 Km. de altura.
- **e) Exósfera:** Comienza desde 500 Km de altura y se extiende más allá de los 1000 Km. está formada por una capa de hielo y otra de hidrógeno. Después de esa capa se halla una enorme banda de radiaciones (conocida como magnetósfera).

Aire limpio.

El aire es esencial para la vida, sin él podríamos sobrevivir únicamente unos minutos. La contaminación del aire es uno de los problemas ambientales más serios en las sociedades a todos los niveles de desarrollo económico.

Aproximadamente 500 millones de personas se exponen a diario a niveles altos de contaminación del aire en sus casas, en forma de humo originado por incendios en ambiente abierto o cocinas pobremente diseñadas. Más de 1500 millones de personas viven en áreas urbanas con niveles peligrosamente altos de contaminación del aire.

El desarrollo industrial está asociado con la emisión de grandes cantidades de gases y partículas, emitidas desde la producción industrial y también por la quema de combustibles derivados del petróleo para la energía y el transporte. Cuando la tecnología se introdujo para controlar la contaminación del aire por emisiones de partículas, se encontró que las emisiones gaseosas continuaron y ocasionaron sus propios problemas.

Los esfuerzos actuales para controlar ambas (partículas y emisiones gaseosas) han sido parcialmente exitosos en partes del mundo desarrollado, pero hay evidencia reciente que esa contaminación del aire es un riesgo igual para la salud, aún bajo estas relativas condiciones favorables.

En las sociedades que rápidamente se desarrollan, no se invierten los recursos suficientes en el control de la contaminación del aire, a causa de otras prioridades económicas y sociales. La expansión rápida de la industria en estos países ha ocurrido a la vez con un aumento del tránsito de automóviles y camiones, incremento de la demanda de viviendas y la concentración de la población en grandes áreas urbanas llamadas megalópolis. El resultado ha sido algunos de los peores problemas de contaminación del aire en el mundo.

En muchas sociedades tradicionales y otras donde las fuentes de energía familiar que se consideran limpias no están aun ampliamente disponibles, la contaminación del aire es un problema serio a causa del uso de combustibles ineficientes y productores de humo usados para la calefacción y la cocina. Esto ocasiona contaminación del aire fuera y dentro de las viviendas. El resultado puede ser las enfermedades pulmonares, de los ojos y aumento de riesgos de cáncer. Las mujeres y los niños de las comunidades pobres en países subdesarrollados, están particularmente expuestos.

La calidad del aire dentro de los domicilios es un problema también en muchos países desarrollados, porque los edificios se construyeron para ser herméticos y con energía eficiente. Los productos químicos para producir calefacción y los sistemas de enfriamiento, el hábito de fumar y la evaporación, constituyen elementos que se acumulan dentro y crean problemas de contaminación.

La atmósfera:

La atmósfera es una cubierta protectora, actúa como un regulador térmico, además de traer lluvia de los océanos, calor de los desiertos, trópicos, ecuador y frío de los polos. Gracias a ella hay cielos brillantes y puestas del sol multicolores.

Composición del aire. Gases contaminantes atmosféricos.

El aire está compuesto de un 78% de nitrógeno, de un 21% de oxígeno y el resto de dióxido de carbono y de gases nobles como el helio, neón y radón. El radón es un gas radiactivo que se genera de manera natural pero en grandes cantidades provoca cáncer pulmonar. Este gas persiste en zonas de altas concentraciones de minerales de uranio.

Algunos contaminantes perjudican al aire directamente en su estado natural, como los hidrocarburos, los aerosoles marinos, la erosión o el polvo africano. Mientras que otros necesitan combinarse para afectar a la atmósfera como es el ozono troposférico.

Los principales gases contaminantes atmosféricos son:

- El **óxido de azufre** que se origina en las refinerías de petróleo
- El **monóxido de carbono** de las estufas y coches
- El **óxido de nitrógeno** que existen en puntos de energía nuclear y vehículos de combustión interna
- El **dióxido de carbono** proveniente de industrias y de la actividad de deforestación

Un gran número de contaminantes puede contaminar el aire en una gran variedad de formas. Casi cualquier producto químico tóxico podría contaminar a su manera la atmósfera y el aire que respiramos. Las partículas de aerosoles (nubes de partículas líquidas y sólidas en un gas) que se encuentran en el aire también pueden contener contaminantes.

Los compuestos químicos que reducen la calidad del aire usualmente se conocen como contaminantes del aire. Estos compuestos se pueden encontrar en el aire en dos formas principales:

- en forma gaseosa (como gases),
- en forma sólida (como partículas suspendidas en el aire).

Elementos que también contribuyen a la contaminación ambiental.

La capa de Ozono (O3) está formado por 3 moléculas de oxígeno, una más que lo que contiene el aire que respiramos. Esta capa es importante porque nos protege de los rayos ultravioletas del sol. Pero los gases provenientes de zonas industriales y superpobladas, y de lugares donde convive el tráfico de coches y las altas temperaturas han hecho que la capa disminuya. Las zonas más perjudicadas son las rurales y suburbanas por la liberación de clorofluorcarbonos de aerosoles y acondicionadores de aire. La falta de la capa de ozono puede provocar melanoma, cataratas en los ojos y perjudicar los cultivos porque los rayos ultravioletas los dañarían.

El efecto invernadero es provocado por la acumulación en la atmósfera de gases como el vapor de agua, el metano y el óxido de nitrógeno. El principal responsable de este fenómeno es el famoso CO2 o dióxido de carbono. Este gas absorbe la radiación térmica, provocando que la energía radiante, reflejada sobre la superficie terrestre, sea captada en la atmósfera. De esta manera eleva su temperatura y la del planeta, y además los gases y partículas que quedan flotando en el aire construyen una pantalla que impiden que veamos el sol con claridad. El año 2016 fue el más caluroso de la historia y la contaminación de aire ya está causando la muerte prematura de muchas personas.

Efectos de la contaminación del aire.

La contaminación del aire es la fuente del smog, lluvia ácida, posible calentamiento global y reducción del funcionamiento de la capa de ozono.

Smog: El smog es una mezcla química de humo y niebla producida por óxido de sulfuro y de nitrógeno, hidrocarburos y millones de partículas de plomo, manganeso, cobre, níquel, cinc y carbón. Es extremadamente desagradable y nociva para la salud. Los problemas de asma y otras afecciones respiratorias en países altamente contaminantes como China son muy preocupantes.

Lluvia ácida: La lluvia ácida es perjudicial para todos los ecosistemas terrestres y las poblaciones urbanas, ya que puede destrozar edificios. Está formada por óxido de azufre que al ascender a la atmósfera se junta con las gotitas de agua que forman las nubes y después se precipita.

Calentamiento global: El dióxido de carbono hace un efecto invernadero en la atmósfera. Durante la noche, las radiaciones del sol que llegaron a la Tierra durante el día escapan, pero gracias al dióxido de carbono, sólo escapa una parte y el resto se queda retenida. Gracias a esto tenemos una temperatura estable en la Tierra. Si el dióxido de carbono aumentase, como está pasando, el efecto invernadero aumenta, y por lo tanto, también la temperatura. Con el aumento de temperatura, se irán derritiendo los casquetes polares y subiría el nivel del mar, por lo que muchas poblaciones costeras quedarían sumergidas.

Reducción del funcionamiento de la capa de ozono: Se debe a los gases CFC que se encuentran en aerosoles y neveras. Al reducirse su funcionamiento, entran los rayos ultravioletas que pueden provocar en los seres humanos cánceres de piel.

¿Cómo afecta la contaminación del aire a los seres vivos?

Si nos planteamos cómo afecta la contaminación del aire a los seres vivos es necesario destacar la relación de los contaminantes con la posibilidad de desarrollar células cancerígenas.

Por otro lado, todos los gases emitidos que afectan a la atmósfera también afectan a la respiración de los seres vivos. En el caso de los humanos es preocupante como pueden empeorar la situación de una persona con problemas de asma. También afecta muy gravemente a los sistemas reproductivos de todo tipo de seres vivos.

Se han realizado algunos estudios que ponen la atención en la relación de la contaminación del aire con los problemas de nacimiento, sean graves o no, y con las muertes por enfermedad cardiovascular o respiratoria.

Si pensamos en los seres vivos no humanos hay que saber que afecta por la contaminación de mercurio a las plantas, y por los vertidos relacionados con el agua, que envenenan a los animales acuáticos. Todos estos efectos se magnifican cuando estás más arriba en la cadena alimentaria.

Efectos de la contaminación del aire en el ambiente:

Efectos en la salud. En el corto plazo los contaminantes atmosféricos afectan a los grupos humanos más susceptibles, como es el caso de los ancianos, niños y personas con enfermedades crónicas o preexistentes.

En el mediano y largo plazo, causan desde molestias simples hasta enfermedades graves, incluyendo el cáncer. Los contaminantes del aire provocan daños serios e irreparables, directamente al sistema respiratorio relación que puede indicarse en la siguiente tabla.

Contaminantes	Enfermedades
Dióxido sulfuroso.	Bronquitis
Ozono y partículas suspendidas	Daño grave a los pulmones,
Humo de cigarrillos	Cáncer
Óxido de nitrógeno	Debilitan el sistema inmunológico e intensifican los problemas del asma.
Monóxido de carbono	Agrava síntomas de enfermedades cardiovasculares, disminuye funciones del cerebro.

Contaminación del Aire Ambiental:

La contaminación atmosférica es el principal riesgo ambiental para la salud en las Américas. La Organización Mundial de la Salud estimó que una de cada nueve muertes en todo el mundo es el resultado de condiciones relacionadas con la contaminación atmosférica. Los contaminantes atmosféricos más relevantes para la salud son material particulado (MP) con un diámetro de 10 micras o menos, que pueden penetrar profundamente en los pulmones e inducir la reacción de la superficie y las células de defensa. La mayoría de estos contaminantes son el producto de la quema de combustibles fósiles, pero su composición puede variar según sus fuentes. Las directrices de la OMS sobre la calidad del aire recomiendan una exposición máxima de 20 $?g/m^3$ para las PM_{10} y una exposición máxima de 10 $?g/m^3$ para las $PM_{2.5}$, basado en las evidencias de los efectos sobre la salud de la exposición a la contaminación del aire ambiente.

En las Américas, 93 000 defunciones anuales en países de ingresos bajos y medios (LMIC) y 44 000 en países de ingresos altos (HI) son atribuibles a la contaminación atmosférica, siendo las muertes por habitante 18 por 100 000 en los países LMIC y 7 por 100 000 en los países de HI.

El mejor remedio a la contaminación de aire es basar toda nuestra vida en energías limpias y renovables. Además fomentar el uso del transporte público, de la bicicleta y del coche eléctrico. También es importante el control de las emisiones de gases por parte de las autoridades para fomentar el uso de fuentes alternativas.

El aire contaminado afecta tanto a países desarrollados como los que están sumidos en la pobreza.

Riesgos a la salud.

Los riesgos y efectos en la salud no están distribuidos equitativamente en la población. Las personas con enfermedades previas, los niños menores de cinco años y los adultos entre 50 y 75 años de edad son los más afectados. Las personas pobres y aquellas que viven en situación de vulnerabilidad, así como las mujeres y sus hijos que utilizan estufas tradicionales de biomasa para cocinar y calentarse, también corren mayor riesgo.

Hay efectos de la contaminación del aire sobre la salud a corto y largo plazo, siendo la exposición a largo plazo y de larga duración la más significativa para la salud pública. La mayoría de las muertes atribuibles a la contaminación atmosférica en la población general están relacionadas con las enfermedades no transmisibles. En efecto, el 36% de las muertes por cáncer de pulmón, el 35% de la enfermedad pulmonar obstructiva crónica (COPD), el 34% de los accidentes cerebrovasculares y el 27% de las cardiopatías isquémicas son atribuibles a la contaminación atmosférica. Sin embargo, el mayor impacto es sobre la mortalidad infantil, ya que más de la mitad de las muertes de niños menores de 5 años por infecciones agudas de las vías respiratorias inferiores (ALRI) son debidas a partículas inhaladas por la contaminación del aire interior producto del uso de combustibles sólidos.

Fuentes de contaminación atmosférica en las Américas.

Las Américas es la región más urbanizada del mundo. El 79% de la población de ALC vive en pueblos y ciudades con más de 20 000 habitantes. Esto representa una importante demanda de energía, incluyendo la provisión de servicios, la producción y consumo de materiales y bienes, el transporte y la movilidad, todo lo cual contribuye con la contaminación del aire. El transporte de mercancías y la movilidad humana se basan principalmente en soluciones individuales, que exigen un alto consumo de energía con baja eficiencia. Además, los vertederos de la ciudad en gran parte no regulados para residuos sólidos, o la ausencia de políticas públicas para el sector, representan no sólo una fuente de emisiones de metano y sitios de reproducción de vectores, sino también grandes cantidades de partículas finas por incendios accidentales y no accidentales, con grandes aportaciones potenciales a la contaminación atmosférica en entornos urbanos. La quema de cultivos sigue siendo legal y se practica ampliamente en muchos países, lo que también puede contribuir a la mala calidad del aire. Globalmente, la energía doméstica es una fuente importante de contaminación del aire exterior. La contaminación del aire en los hogares (HAP), que proviene principalmente de cocinar en estufas tradicionales a fuego abierto, es responsable del 12% de la contaminación global por partículas finas ambientales (PM$_{2.5}$).

El camino a seguir.

Las políticas para reducir la contaminación del aire pueden proporcionar beneficios de salud directamente en las enfermedades relacionadas; e indirectamente por la reducción de los efectos del ozono y del carbono negro sobre el clima extremo y la producción agrícola (que afecta a la nutrición y la seguridad alimentaria). Por otro lado, cambios en la dieta, incluyendo el aumento del consumo de alimentos a base de plantas y la reducción en el consumo de carnes rojas y procesadas, tienen beneficios inmediatos para la salud, mientras que disminuyen la demanda de productos pecuarios asociados a las emisiones de metano. Las políticas y las inversiones en transporte público sostenible, como el tránsito rápido de autobuses (BRT) basado en tecnologías de emisiones más bajas, las redes de senderismo y ciclismo, también pueden tener beneficios inmediatos para la salud al promover viajes activos seguros, reducir los niveles de contaminación atmosférica y ruido y reducir el tráfico, proporcionando además reducciones sustanciales en las emisiones de CO^2. Estos son ejemplos de estrategias de promoción de la salud con beneficios potenciales para la salud y el clima, con beneficios observados a nivel local.

Otros ejemplos de políticas que se pueden apoyar son: cambiar el parque vehicular pesado por transportes más limpios y vehículos más eficientes y menos contaminantes, que utilicen combustibles con contenido reducido de azufre; la aplicación de normas más estrictas en materia de eficiencia y de emisiones de partículas y los precursores de ozono, incluidos los óxidos de nitrógeno (NOx). Las soluciones energéticas domésticas limpias (estufas a gas o electricidad) también ofrecen una gama de beneficios, incluyendo una exposición reducida a la contaminación del aire en el hogar y al aire libre.

El mejor remedio a la contaminación de aire es basar toda nuestra vida en energías limpias y renovables. Además fomentar el uso del transporte público, de la bicicleta y del coche eléctrico. También es importante el control de las emisiones de gases por parte de las autoridades para fomentar el uso de fuentes alternativas. El aire contaminado afecta tanto a países desarrollados como los que están sumidos en la pobreza.

El tema de la contaminación atmosférica ha sido objeto de debate en la Asamblea Mundial de la Salud, que aprobó una resolución y una hoja de ruta sobre la contaminación atmosférica. En la resolución WHA68.8 se identificaron objetivos e indicadores de los Objetivos de Desarrollo Sostenible en Salud (Objetivo 3), energía (Meta 7) y ciudades (Meta 11), y cuatro de esos indicadores ya están siendo informados en las bases de datos de la OMS.

El estado de las regulaciones de la calidad del aire, la gestión y el control en las Américas.

Existen grandes diferencias entre los países de la Región de las Américas con respecto a la adopción de la las Directrices de Calidad del Aire (AQG) de la OMS. Los principales contaminantes atmosféricos regulados en la región son PM_{10}, $PM_{2.5}$, NO_2, Ozono y SO_2. PM_{10} está regulado en 21 países; NO_2, en 20 países; y $PM_{2.5}$, en 15 países. Sólo Canadá, los Estados Unidos, Guatemala, Perú y Bolivia han adoptado la OMS-AQG o niveles más bajos para PM_{10} en su legislación nacional y, sólo Canadá, Estados Unidos y Guatemala para $PM_{2.5}$.

La aplicación y el control de las regulaciones existentes también son limitadas, ya que sólo 19 de los 35 países de la Región de las Américas proporcionan información sobre las mediciones de la calidad del aire a nivel del suelo. Además, la mayoría (84%) de las ciudades con sitios de monitoreo de la calidad del aire se encuentran en países de altos ingresos. La Tabla 1 presenta el número de pueblos y ciudades con sitios de monitoreo de partículas finas (PM_{10} y $PM_{2.5}$) en la región agrupados por nivel de ingreso. La agrupación de ingresos por países se basa en la clasificación del ingreso analítico de economías del Banco Mundial.

Datos y figuras:

Tabla 1 - Número total de pueblos y ciudades en la base de datos de la Contaminación del Aire Ambiental (CAA) de la OMS en 2016, por grupos de ingresos en las Américas.

	Número de poblaciones y ciudades	Número de países	Número total de países por región
América, LMI	102	13	24
América, HI	524	6	11

LMI = Países de Ingreso Bajo y Medio; HI = Países de altos ingresos.

En ALC, sólo 24 de las 43 ciudades con un millón o más de habitantes miden regularmente PM_{10} (56%) y sólo 16 miden $PM_{2.5}$ (37%). La Tabla 2 muestra la distribución de las ciudades con sitios de monitoreo de partículas finas en ALC según el tamaño de la población; La Tabla 3 muestra las pautas de la OMS para la Contaminación del Aire Ambiental (AQG) y la Tabla 4 muestra el cumplimiento de las AQG de la OMS para los niveles de exposición media anual de partículas finas en estas ciudades.

Tabla 2 - Número de ciudades en ALC (?100.000) con sitios de monitoreo de partículas finas (PM_{10} y $PM_{2.5}$)

Ciudades por tamaño de las población	Número de ciudades	PM_{10}	$PM_{2.5}$
?100.000 - 500.000	463	66	35
?500.000 - 1.000.000	58	14	6
?1.000.000 - 5.000.000	35	16	9
?5.000.000 - 10.000.000	5	5	5
?10.000.000	3	3	2

TOTAL	564	104	57

Tabla 3- Directrices de calidad del aire (AQG)

	PM$_{10}$ (µg/m³)	PM$_{2.5}$ (µg/m³)	
IT- 1	70	35	15% Mayor riesgo de mortalidad a largo plazo en relación con los niveles de AQG
IT- 2	50	25	6% Menor riesgo de mortalidad a largo plazo en relación con el Nivel 1
IT- 3	30	15	6% Menor riesgo de mortalidad a largo plazo en relación con el Nivel 2
WHO AQG	20	10	Nivel más bajo en presentar aumento al riesgo a la salud en respuesta a la exposición a largo plazo a PM$_{2.5}$

Tabla 4- Cumplimiento de AQG de la OMS para niveles de exposición media anuales de PM en ciudades de ALC. Ciudades con 100 000 habitantes o más con sitios de monitoreo de partículas finas (PM$_{10}$ y PM$_{2.5}$).

	No compliance	IT-1	IT-2	IT-3	WHO AQG	TOTAL
PM$_{10}$	9	20	46	24	5	104
PM$_{2.5}$	7	12	25	9	4	57

Al comparar el cumplimiento de las AQG de la OMS entre los países de HI y LMI en las Américas, más del 80% de las ciudades de ingresos altos (HI) evaluadas cumplen con las directrices, mientras que menos del 10% de las ciudades de ingresos medio bajos (LMI) cumplen con las directrices. La Figura 1 muestra la distribución de PM$_{2.5}$ modelada, donde la concentración de contaminantes atmosféricos es claramente superior en los países LMI.

Causas de la contaminación del aire:

Las principales causas de la contaminación del aire están relacionadas con la quema de combustibles fósiles (carbón, petróleo y gas). La combustión de estas materias primas se produce en los procesos o en el funcionamiento de los sectores industrial y del transporte por carretera, principalmente. Dentro del sector industrial habría que diferenciar entre las fábricas (por ejemplo, de cemento o acero) y las centrales de producción de electricidad (que producen la mitad de la electricidad consumida en nuestro país).

El reparto de responsabilidades en la contaminación del aire entre el sector industrial y el transporte por carretera está claramente desequilibrado hacia el transporte. Aproximadamente el 80% de la contaminación atmosférica en España está causada por el tráfico rodado.

Las sociedades modernas se han organizado en relación con el transporte, como en otros aspectos, a espaldas de los principios básicos de la Naturaleza. A medida que la humanidad ha ido tecnificando su entorno, los medios de transporte han adquirido un carácter más mecanizado, tendiendo a satisfacer dos tendencias básicas, con independencia de los problemas que pudieran acarrear: por un lado aumentar las velocidades y por otro propiciar la independencia relativa del usuario. Esta tecnologización del transporte, ha supuesto una mayor comodidad y eficiencia en el servicio pero, por otra parte, ha originado un crecimiento intolerable de los impactos ambientales y sociales asociados a esta actividad, entre ellos la contaminación del aire.

La carretera es hoy el principal medio de transporte y sigue ganando terreno respecto al ferrocarril, de tal forma que el crecimiento desbocado del transporte hay que achacarlo principalmente al incremento del transporte por carretera. El transporte por carretera supone el 90% entre los diferentes medios de transporte, frente al ferrocarril que se queda en un exiguo 5%. Dentro del transporte por carretera, el coche privado consume la mitad de los recursos energéticos, mientras que el transporte público únicamente el 3%. El índice medio de ocupación de los vehículos privados es de 1,2 personas por coche. En la ciudad, la mitad de los desplazamientos que se realizan en coche son para recorrer menos de 3 kilómetros, y un 10% para menos de 500 metros.

Lo mismo que sucede con el tráfico de viajeros, ocurre también con las mercancías, que se transportan fundamentalmente por carretera: un 70% del total como media en los países de la UE, que sube a más del 90% en el estado español, lo que significa que el ferrocarril ha ido perdiendo importancia, abandonando líneas y servicios, hasta suponer en la actualidad sólo un 4,2% de este tráfico. Este declive del ferrocarril, ha coincidido con un gran incremento en el tráfico de mercancías, que se ha multiplicado por tres como consecuencia de la ampliación de la UE (con la entrada de España y Portugal entre otros) lo que está provocando graves problemas de congestión en las principales vías europeas, congestión que se produce ya a 100 km de las principales ciudades.

Por otra parte, el transporte de mercancías por carretera tiene un gran impacto ambiental, que además no deja de aumentar. A pesar de que los camiones pesados sólo suponen el 10% de los vehículos, emiten entre el 30 y el 40% de los óxidos de nitrógeno y de las partículas en suspensión. Son también responsables de la mayoría de las emisiones de dióxido de azufre, procedentes del transporte por carretera.

Esta situación de predominio no es el resultado de una evolución natural de la economía, sino que responde a unas políticas de transporte que han beneficiado a este medio en detrimento de otros a través de medidas fiscales, subvenciones y de construcción de infraestructuras (año tras año la carretera se lleva entre el 60 y el 70% de las cuantiosas inversiones en transporte), a pesar de ser el medio menos eficiente y que mayores problemas ambientales crea. Esta primacía dada al automóvil supone el abandono de la concepción del transporte como un servicio público que el Estado debe proporcionar a todos los ciudadanos, lo que significa la exclusión de todos los que no tienen coche o permiso de conducir, que cada vez encuentran más problemas de movilidad.

Asimismo, detrás de esta evolución se encuentran, no sólo las relativas ventajas de velocidad y comodidad, sino también el triunfo del modelo productivista a ultranza, impuesto desde los poderes públicos y privados. Este modelo desplaza a los usuarios y mercancías hacia el transporte privado y hacia los medios de transporte menos eficientes energéticamente.

En general, el transporte es considerado como una actividad económica más, cuyo estado óptimo es el del crecimiento indefinido y a la mayor tasa posible. En el estado español, el crecimiento del transporte se distribuye de tal manera que son los medios de transporte que provocan más impacto ambiental los que disfrutan de un mayor apoyo e inversión públicos, por lo que son los que más crecen: automóvil, tren de alta velocidad y avión.

La falta de convicción de los políticos a pesar de los hechos se debe, en parte, a que la mayoría están inmersos en la cultura automovilística que promueven, intentando solucionar la congestión aumentando la capacidad de las vías, lo que provoca mayor afluencia de vehículos y, en breve tiempo, mayor congestión con más vehículos circulando. Persisten, así, en una política obsoleta que ya ha demostrado su ineficacia con creces desde hace más de treinta años.

La industria:

En diciembre de 2002 se cumplieron 50 años del gran episodio de "smog" en Londres. Un estancamiento de las condiciones meteorológicas propició un fuerte incremento de la concentración de los contaminantes atmosféricos, debidos a las emisiones gaseosas de la industria, durante cuatro días. Como consecuencia murieron 4.000 personas. Este evento no carecía de precedentes, pues desde los años 30 se venían reportando sucesos similares en países industrializados. Esto suponía la culminación de una tendencia que había dado comienzo con la Revolución Industrial del siglo XIX y su característica dependencia de la quema de combustibles fósiles.

Hace 20 años, tras la culminación de un periodo de exitosa reducción de los contaminantes atmosféricos tradicionales, se pensaba que a las concentraciones alcanzadas en los países desarrollados, los efectos adversos de la contaminación sobre la salud podían considerarse despreciables. Sin embargo, en las dos décadas siguientes, la contaminación atmosférica se ha vuelto a situar en un primer plano, emergiendo como un problema de salud ambiental de gran magnitud, causada principalmente por el transporte y dejando a la industria en un papel secundario aunque no trivial. No podemos olvidar que en los últimos años (2000, 2002, 2004, 2005) nuestro país ha superado el techo nacional de emisión de las Grandes Instalaciones de Combustión (que incluyen las centrales térmicas de producción eléctrica, pero también las refinerías y otros grandes emisores) para los Óxidos de Nitrógeno (NOx).

La niebla tóxica que flota por encima de las ciudades es la forma de contaminación del aire más común y evidente. No obstante, existen diferentes tipos de contaminación, visibles e invisibles, que contribuyen al calentamiento global. Por lo general, se considera contaminación del aire a cualquier sustancia, introducida en la atmósfera por las personas, que tenga un efecto perjudicial sobre los seres vivos y el medio ambiente.

El dióxido de carbono, un gas de efecto invernadero, es el contaminante que está causando en mayor medida el calentamiento de la Tierra. Si bien todos los seres vivos emiten dióxido de carbono al respirar, éste se considera por lo general contaminante cuando se asocia con coches, aviones, centrales eléctricas y otras actividades humanas que requieren el uso de combustibles fósiles como la gasolina y el gas natural. Durante los últimos 150 años, estas actividades han enviado a la atmósfera una cantidad de dióxido de carbono suficiente para aumentar los niveles de éste por encima de donde habían estado durante cientos de miles de años.

Existen otros gases de efecto invernadero, como el metano (que proviene de fuentes como ciénagas y gases emitidos por el ganado) y los clorofluorocarbonos (CFCs), que se utilizaban para refrigerantes y propelentes de los aerosoles hasta que se prohibieron por su efecto perjudicial sobre la capa de ozono de la Tierra.

Otros contaminantes relacionados con el cambio climático son el dióxido de azufre, uno de los componentes de la niebla tóxica. Una de las características principales del dióxido de azufre y de otros productos químicos íntimamente relacionados es que son los causantes de la lluvia ácida. Sin embargo, también reflejan la luz cuando son liberados en la atmósfera, lo que mantiene la luz solar fuera y hace que la Tierra se enfríe. Las erupciones volcánicas pueden arrojar cantidades enormes de dióxido de azufre a la atmósfera, lo que en ocasiones provoca un enfriamiento que dura varios años. De hecho, antes los volcanes eran la fuente principal de dióxido de azufre; hoy en día, han sido sustituidos por los seres humanos.

Los países industrializados han tomado medidas para reducir los niveles de dióxido de azufre, niebla tóxica y humo para mejorar la salud de sus habitantes. Sin embargo, uno de los resultados, no previsto hasta hace poco, es que unos niveles de dióxido de azufre más bajos podrían, de hecho, empeorar el calentamiento global. Del mismo modo que el dióxido de azufre de los volcanes puede enfriar el planeta al bloquear el paso de la luz del sol, la reducción de la cantidad de este compuesto presente en la atmósfera hace que pase más luz solar, lo que calienta la Tierra. Este efecto se magnifica cuando cantidades altas en la atmósfera de otros gases invernadero hacen que se retenga el calor adicional.

La mayor parte de la gente está de acuerdo en que, para luchar contra el calentamiento global, se deben tomar una serie de medidas. A nivel individual, un menor uso de coches y aviones, el reciclaje y la protección del medio ambiente son medidas que reducen la huella de carbono de una persona, es decir, la cantidad de dióxido de carbono liberada a la atmósfera debido a las acciones de cada individuo.

En un nivel más amplio, los gobiernos están tomando medidas para limitar las emisiones de dióxido de carbono y de otros gases de efecto invernadero. Una de ellas es el Protocolo de Kioto, un acuerdo entre países para reducir las emisiones de dióxido de carbono. Otro método es el de gravar las emisiones de carbono o aumentar los impuestos de la gasolina, para que tanto la gente como las empresas tengan más motivos para conservar la energía y contaminar menos.

Causas y consecuencias de la contaminación del aire. (Otros enfoques):

Las grandes ciudades son las que contribuyen al calentamiento global con las emisiones de los automóviles, los compuestos químicos de las fábricas, el polvo, el polen y las esporas de moho que pueden estar suspendidas como partículas.

De acuerdo a los expertos los combustibles fósiles comprenden el 80% de la demanda actual de energía primaria a nivel mundial y el sistema energético es la fuente de aproximadamente dos tercios de las emisiones globales de CO_2. A su vez, si la proporción actual de combustibles fósiles se mantiene y la demanda energética casi se duplica para 2050, las emisiones superarán la cantidad de carbono emitido. Esto traerá el aumento medio de temperatura a nivel mundial, el cual será de 2 grados centígrados con consecuencias climáticas desastrosas para el planeta.

El uso de combustibles fósiles como la gasolina y el gas natural son causantes de la contaminación del aire. En los últimos años, el ser humano envió a la atmósfera una cantidad de dióxido de carbono suficiente para aumentar los niveles de éste por encima del promedio habitual.

Una de las mayores causas de la contaminación del aire es el dióxido de carbono, un gas de efecto invernadero. Este es el contaminante que causa gran parte del calentamiento de la Tierra. También, contribuyen el metano y los clorofluorocarbonos y todos los seres vivos que emitimos dióxido de carbono al respirar.

Por el incremento del dióxido de carbono, la temperatura media de la superficie terrestre se incrementó a lo largo del siglo XX. Además, en el siglo XXI, se prevé que la temperatura global se incremente entre 1 y 5 grados centígrados, y el nivel del mar subirá entre 9 y 88 centímetros, dependiendo de los escenarios de emisiones considerados.

A su vez, esto provocará el desplazamiento de las especies hacia altitudes o latitudes más frías, buscando los climas a los que están habituados. Aquellas especies que no sean capaces de adaptarse ni desplazarse se extinguirán y, por supuesto, también habrá aumento en frecuencia e intensidad de los fenómenos meteorológicos extremos.

Según la Organización Mundial de la Salud, en 2014, el 92% de la población vivía en lugares donde no se respetaban las Directrices de la OMS sobre la calidad del aire. A su vez, los efectos respiratorios por la contaminación del aire son: tos, respiración sibilante, flema, falta de aire y opresión en el pecho. Además, existe aumento de enfermedades y muerte prematura causado por: asma, bronquitis, enfisema y neumonía.

Otra causa que genera problemas de contaminación del aire es el dióxido de azufre que es uno de los componentes de la niebla tóxica. Una de las características principales del dióxido de azufre y de otros productos químicos íntimamente relacionados es que son los causantes de la lluvia ácida. Ésta daña, mata la vegetación, acidifica lagos, corrientes de agua, suelos y puede retardar el crecimiento de los bosques.

Las centrales térmicas son causantes de la precipitación ácida que tiene su causa en la emisión de dióxido de azufre y óxidos de nitrógeno. Estos interactúan con la luz del sol y la humedad de la atmósfera, produciendo ácidos sulfúrico y nítrico, que son transportados por la circulación atmosférica.

Soluciones a la contaminación del aire:

Se deben tomar una serie de medidas para disminuir la contaminación del aire. A nivel individual, un menor uso de automóviles, el reciclaje y la protección del medio ambiente y la cantidad de dióxido de carbono liberada a la atmósfera.

1) Usar energías renovables.

Las empresas eléctricas, responsables del 24% de la emisión de dióxido de carbono (CO2) deben aumentar su eficiencia, utilizar los combustibles y procesos que emitan menos gases efecto invernadero. Cambiando la dependencia energética de los combustibles fósiles, que son recursos no renovables y potencialmente contaminantes, a fuentes de energías renovables y perennes como el sol, el viento, el agua y energía geotérmica.

Fomentemos las formas de transporte que consuman menos energía por viajante, como el transporte público. Utilicemos carburantes menos contaminantes. La inyección controlada del fuel permite a su vez evitar la emisión de partículas que son producto de una combustión incompleta.

Además, para reducir las emisiones de hidrocarburos los autos deben ser equipados con un catalizador para oxidación. El sistema más eficiente para la purificación de los gases de escape de los automotores es el convertidor catalítico el cual transforma más del 90% de los óxidos de nitrógeno, hidrocarburos y monóxido de carbono en nitrógeno, dióxido de carbono y agua.

Otra alternativa es gravar las emisiones de carbono o aumentar los impuestos de la gasolina. Con esto, tanto la gente como las industrias consumidoras de energía tienen más motivos para conservar la energía y contaminar menos. Optimizando sus procesos para aumentar su eficiencia y fomentando la eficiencia energética de los edificios.

2) Reducción de emisión C02.

Cambiemos las bombillas tradicionales por otras de bajo consumo, por ejemplo, compactas fluorescentes, o LED's. Las CFL consumen 60% menos electricidad que una bombilla tradicional, con lo que este cambio reduciría la emisión de dióxido de carbono en 140 kilos al año. También, utilizando un tendedero en vez de una secadora de ropa, si se seca la ropa al aire libre la mitad del año, se reduce en 320 kilos la emisión al año.

Además, pongamos el termostato con dos grados menos en invierno y dos grados más en verano. Ajustando la calefacción y el aire acondicionado se podrían ahorrar unos 900 kilos de dióxido de carbono al año. A su vez, evitemos el uso del agua caliente, se puede usar menos agua caliente instalando una ducha-teléfono de baja presión y lavando la ropa con agua fría o tibia.

Compremos productos de papel reciclado, porque consume entre 70% y 90% menos energía y evita que continúe la deforestación mundial. Además, los alimentos frescos son mejores que los congelados que consumen 10 veces más de energía. Evitando los productos envasados, se puede reducir en un 10% la basura personal y se puede ahorrar 540 kilos de dióxido de carbono al año.

3) Eliminar el dióxido de azufre.

Una opción sería la neutralización de la composición química del dióxido de azufre para eliminar el gas de las emisiones de las instalaciones industriales y energéticas. La conversión se produce debido a la reacción del dióxido de azufre a óxido de calcio, no sólo cambia el compuesto químico, sino también la reducción de la presión del gas.

Otra solución sería utilizar los depuradores que funcionan para eliminar el dióxido de azufre y otros gases antes de ser liberados en el medio ambiente. Se utilizan con partículas eliminadas por el depurador regenerativo recicladas en materiales utilizables. La forma más común es el depurador húmedo no regenerativo, que absorbe los gases de combustión con suspensión de agua y piedra caliza. Este proceso altera el compuesto químico y crea sulfato de calcio, también conocido como yeso, que luego se desecha o se recicla como paneles de pared o fertilizantes.

A su vez, la neutralización de lagos y demás corrientes de aguas, mediante el agregado de una base, provoca un aumento de pH. La acción anterior causa la precipitación de aluminio y otros metales que luego sedimentan en el fondo y además está relacionado con la disminución en los niveles de mercurio en los peces.

Si bien la medida antes mencionada permite restituir las condiciones de vida de flora y fauna en esas aguas, aparecen problemas por la acumulación de metales tóxicos en los lechos de los cursos. Con respecto a las aguas subterráneas, la acidez se puede combatir colocando un filtro de carácter básico cerca del fondo del pozo para que actúe como neutralizante. Alternativamente el suelo cercano a la zona del pozo puede ser tratado con una sustancia básica.

En conclusión, como consecuencia de la exposición a la contaminación atmosférica mueren unas 7 millones de personas al año, una de cada ocho del total de muertes en el mundo. Esto constituye en la actualidad un gran riesgo ambiental para la salud mundial de los seres vivos. Si tomáramos conciencia y produjéramos cambios radicales, se reduciría la contaminación atmosférica y podríamos salvar a millones de personas.

La óptima calidad de vida exige que el equilibrio de la naturaleza no sea modificado y el hombre debe aprender que el ambiente no es algo que pueda manejar según su voluntad, sino que él debe integrarse para tener una vida mejor. Entonces, un paso importante para mejorar el hábitat sería lograr que el hombre cambie de actitud interna hacia su ambiente respetando sus valores y derechos. De esta manera, tendríamos esperanza de vivir en un mundo mejor.

Polución del aire. Formas de referirnos a la contaminación del aire con otros criterios.

La polución es hoy en día un término muy común al cual nuestros oídos ya están acostumbrados. Escuchamos sobre las muchas formas de polución y leemos sobre sus consecuencias en los medios de comunicación masiva. La polución del aire es una de las formas de referirnos a la contaminación del aire, ya sea en interiores o en exteriores. Una alteración física, biológica o química del aire de la atmósfera puede determinarse como polución. Ocurre cuando algún gas dañino, polvo, o humo entra en la atmósfera y le dificulta a las plantas, animales y humano sobrevivir por que el aire está sucio.

La polución del aire puede clasificarse en dos grandes secciones. La que es visible para el ojo humano y la que es invisible. Otra manera de ver la polución del aire podría ser cualquier sustancia que tiene el potencial de comprometer a la atmósfera o el bienestar de los seres vivos que dependen de ella. El equilibrio de las todas las formas vivientes tiene mucho que ver con una combinación de gases que colectivamente forman la atmósfera. El desequilibrio causado por el incremento o diminución de alguno de estos gases puede poner en entredicho la supervivencia de los organismos. La capa de ozono es considerada como crucial para la existencia de los ecosistemas del planeta. Y está disminuyendo gracias a la polución. El calentamiento global, un resultad directo del desbalance incrementado de gases en la atmósfera se ha convertido en el mayor reto medio ambiental que enfrenta el mundo moderno. Y de hecho, es tan grave que hay expertos que aseguran que ya hemos pasado e punto de no retorno.

Tipos de contaminantes.

Para poder entender las causas de la polución, pueden hacerse varias divisiones. Los contaminantes primarios del aire pueden ser causados por fuentes primarias o secundarias. Estos contaminantes son un resultado directo de procesos de la industria humana. Un ejemplo clásico de polución primaria podrían ser los gases emitidos por las fábricas.

Los contaminantes secundarios son causados por reacciones intermedias de los contaminantes primarios. El smog procedente de las interacciones de varios contaminantes primarios es conocido como un contaminante secundario.

Causas de la polución del aire:

1.- Quema de combustibles fósiles.

El dióxido sulfúrico emitido por la combustión de combustibles fósiles como el aceite, el carbón y el petróleo y otros combustibles usados por las fábricas, son una de las mayores fuentes de contaminación. La polución que emiten los vehículos, incluidos camiones, autos, trenes, y aviones, causa una enorme cantidad de contaminación. Todos estos gases emitidos de forma constante están literalmente matando a nuestro medio ambiente y son peligrosos para todas las formas de vida.

2.- Actividades de la agricultura.

El amonio es un producto muy común de la agricultura y actividades relacionadas. Es uno de los gases más nocivos que existen para el ambiente. El uso de insecticidas, pesticidas y fertilizantes en las actividades agrícolas ha crecido mucho y emite químicos dañinos para el aire. Incuso pueden llegar a causar contaminación del agua.

3.- Industrias manufactureras.

Las industrias manufactureras liberan una gran cantidad de monóxido de carbono, hidrocarburos, componentes orgánicos y químicos en el aire. Lo cual merma mucho su calidad. Las industrias manufactureras pueden encontrarse en cada esquina de la tierra y no hay un área que no haya sido afectada por ellas. Las refinerías de petróleo también liberan hidrocarburos y otros varios químicos que causan polución en el aire y hasta en la tierra.

4.- Minería.

La minería es el proceso en el cual los minerales que están debajo de la tierra son extraídos de ella usando grandes maquinas. Durante el proceso, polvo y químicos son liberados en el aire, causando una cantidad de polución masiva. Esta también es una de las razones por las cuales la salud de los trabajadores de la industria minera se encuentra sumamente comprometida.

5.- Polución de interiores.

Los productos para el cuidado del hogar y demás implementos caseros liberan químicos tóxicos en el aire y causan polución en el aire. De hecho, seguramente has notado que cuando pintas tu casa, se liberan gases que hacen que respirar sea más difícil.

Efectos de la polución del aire:

1.- Problemas respiratorios y cardiacos.

Los efectos de la polución del aire son alarmantes. Se sabe que crea serios problemas respiratorios y cardiacos, junto con cáncer y otros problemas de salud en el cuerpo. Muchos millones de personas han muerto a causa de efectos directos o indirectos de la contaminación del aire. Los niños están expuestos a contaminantes que los llevan a padecer neumonía y asma.

2.- Calentamiento global.

Otro de sus efectos directos son las alteraciones inmediatas que el mundo está presenciando en forma de calentamiento global. Con temperaturas que están incrementando constantemente y que provocan el aumento en los niveles del mar por el derretimiento de las regiones árticas. Muchos hábitats naturales se han perdido a causa de las desastrosas consecuencias del calentamiento global.

3.- Lluvia ácida.

Gases dañinos conocidos como óxido de nitrógeno y óxido de sulfuro son liberados en la atmósfera durante la quema de combustibles fósiles. Cuando llueve, las gotas de agua se combinan con estos contaminantes, lo que causa que se acidifiquen y caigan en forma de lluvia ácida. La lluvia ácida puede causar un gran daño a los humanos, los animales y los cultivos.

4.- Eutrofización.

La eutrofización es una condición en la cual una gran cantidad de nitrógeno presente en algunos contaminantes del aire, se deposita en la superficie de los mares y crea una capa que afecta nocivamente a la fauna y la flora marina. Las algas de coloración verde que a veces aparecen en lagos y lagunas se deben a la presencia de este químico.

5.- Efectos en la vida salvaje.

Justo como los humanos, los animales están encarando los devastadores efectos de la polución del aire. Los químicos tóxicos presentes en el aire pueden forzar a la vida salvaje a desplazarse a nuevos lugares y a cambiar su hábitat.

6.- Depleción de la capa de ozono.

El ozono acumulado en la estratósfera de la tierra es responsable de protegerla de los dañinos rayos ultravioletas del sol. La capa de ozono de la tierra está disminuyendo por la presencia de los clorofluorocarbonos y los hidrofluorocarbonos en la atmósfera. A medida que la capa de ozono se vuelve más delgada, deja pasar más radiación dañina al planeta. Esta radiación está directamente vinculada con serios problemas en la piel y con el calentamiento global.

Cuando tratamos de estudiar las fuentes de la polución del aire, enlistamos una serie de causas que crean estos contaminantes. Éstas se dividen en dos principales: las fuentes naturales, y las actividades humanas.

Las fuentes naturales de polución incluyen al polvo transportado de locaciones con muy poca o nada de vegetación. Gases liberados por los procesos biológicos de los seres vivos. Como el dióxido de carbono que libera la respiración, el metano producido por la digestión y el oxígeno que liberan las plantas durante la fotosíntesis. El humo producido por incendios espontáneos, erupciones volcánicas y otros fenómenos naturales.

Cuando miramos las contribuciones del hombre a la polución del aire, vemos que son bastante más significativas que estos fenómenos naturales. La quema de combustibles fósiles en fábricas, vehículos e industrias. Los desechos de la agricultura que generan metano y demás actividades humanas generan químicos que son muy dañinos para el aire que respiramos. La reacción de algunos de estos gases es tan nociva que puede poner en peligro inmediato a muchas formas de vida salvaje.

Soluciones para la polución del aire:

1.- Utilizar más el transporte público.

Animar a las personas a que usen más modos de transporte públicos ayuda a disminuir la contaminación. Además, las personas pueden compartir sus autos para que vayan al máximo de su capacidad y disminuyan el efecto de contaminación de los transportes privados.

2.- Ahorrar energía.

Apagar aparatos eléctricos y luces que no estemos usando, ayuda a disminuir la demanda de energía. Esto es importante porque mucha de la energía es creada con procesos que liberan componentes dañinos en el medio ambiente.

3.- Reducir, reusar y reciclar

Reducir nuestro consumo irrefrenable de energía y cosas, reusar todo lo que aún sirva, y reciclar todos los componentes que puedan volver a utilizarse en la industria.

4.- Fuentes limpias de energía

Es importante que todos comencemos a considerar el uso de fuentes alternativas y limpias de energía, tales como la energía solar, eólica y nuclear.

5.-Usar dispositivos inteligentes que ahorren energía.

Los focos ahorradores y los electrodomésticos que ahorran energía son una gran opción para disminuir la huella ecológica que dejan nuestros hogares. Así como considerar utilizar transportes híbridos o eléctricos.

Métodos para limpiar el aire.

Es importante saber qué existen modos o métodos a través de los cuáles vamos a ser capaces de poder limpiar el aire y que de hecho, podemos aplicar todos nosotros. Algunos de los más fáciles de realizar y más efectivos son:

1.- Utiliza el Transporte Público.

Uno de los mejores métodos para limpiar el aire es utilizar tu vehículo mucho menos. Lo mejor es considerar el uso de transporte público o en su lugar caminar; de esa manera, contribuirás a reducir la contaminación y no a provocar más.

2.- Conduce de manera inteligente.

Si no puedes evitar coger el coche a diario asegúrate de que estás conduciendo de manera inteligente en lugar de perder gas. Debes conducir dentro del límite de velocidad, y asegurarte que tu coche está en perfectas condiciones para conducir, de modo que será también importante pasar las revisiones correspondientes.

3.- Mantén los neumáticos correctamente inflados.

El automóvil consume más combustible cuando los neumáticos no están correctamente inflados y alineados. Mantenerlos correctamente inflados disminuirá su impacto en el medio ambiente.

4.- Compra Vehículos de Eficiencia Energética.

Compra vehículos y otros artículos que sean útiles para el medio ambiente. Hay tantas opciones actualmente que son eficientes como los híbridos, de modo que no tendrás que preocuparte por ellos ya que no los estarás llenando de gas adicional y tampoco contaminarás la atmósfera.

5.- Planta un jardín.

Plantar un jardín va a dar al aire los nutrientes que necesitas para ser más limpio. Hay tantas plantas por ahí que se comen la basura en la atmósfera. Haz una pequeña investigación y encontrarás cuáles pueden irte bien para que contribuyas por tu parte.

6.- Utiliza Pinturas con bajo contenido de VOC o de agua.

Usa pinturas que se basen en agua y no en aceite. Los productos con menos petróleo, evidentemente contribuirán a que no se contamine tanto el aire.

7.- Apaga las luces cuando no las estés utilizando.

No mantengas las luces u otros dispositivos eléctricos encendidos. Cuanta más energía de más utilices, más vas a malgastar y por ello más vas a estar contaminando el aire.

8.- Compra electricidad "verde".

Debes utilizar la electricidad generada de energías renovables es decir energía hidroeléctrica, eólica o solar.

9.- Haz uso de la energía solar.

Considera el uso de energía solar en lugar de la energía regular. La energía solar puede ahorrar una tonelada de energía para usted y, encima de eso, podría también terminar ahorrándote mucho dinero a largo plazo.

Pautas para el cuidado y conservación del aire.

En la escuela:

Fomentar en los niños el menor consumo de energía eléctrica, lo cual contribuirá a disminuir las emanaciones de SO2 (dióxido de azufre), NOx (óxido de nitrógeno), VOC (compuestos orgánicos volátiles y partículas.

Impulsar en los niños el consumo de alimentos orgánicos o al menos aquellos que no hayan sido sometidos a un uso tan intensivo de agroquímicos.

Incorporar los problemas de contaminación ambiental como aspectos de transversales en el PCI y PEI.

Establecer normas de conservación y uso adecuado de aire.

Organizar concursos escolares de canto, poesías, y teatro tomando como tema central el cuidado del aire.

Realizar desfiles de sensibilización portando pancartas y lemas alusivos al cuidado del aire.

Organizar actividades educativas con ocasión del Día de la Protección de la Capa de Ozono.

Promover campañas de forestación y reforestación.

Letrar los espacios educativos con frases reflexivas sobre la importancia y cuidado del aire.

En la comunidad:

Realizar reuniones de sensibilización a las autoridades de la comunidad.

Organizar charlas educativas a los pobladores.

Desarrollar demostraciones sencillas sobre los problemas de contaminación del aire con participación de los pobladores.

Realizar campañas de reforestación en la comunidado riveras de los ríos, parques, etc.

Difundir las consecuencias de la quema de los bosques, rastrojos pastizales, basura, así como el uso de plaguicidas en la agricultura.

Incluir acciones a favor del medio ambiente en los planes de desarrollo comunal, distrital y provincial.

Restrinja – reutilice - recicle. Un menor consumo redundará en menor contaminación atmosférica de todo tipo.

Bibliografía

- Abdulkader, R.; Daher, E.F.; Camargo, E.D. y Spinosa, C. (2003). Leptospirosis severity may be associated with the intensity of humoral immune response. Rev. Medicina Tropical; 44 (2): 79-83.

- Abrous, M.; Rondelaud, D.; Dreyfuss, G. y Cabaret, J. (2005). Infection of LymnaeatruncatulaandLymnaeaglabra by Fasciola hepatica and Paramphistomumdaubneyi in farms of central France. Rev. Medicina Tropical; 30 (2): 113-118.

- Acha, P. y Sysfres, B. (2010). Lucha antiparasitaria. [Consultado: 20/mayo/2012] Disponible en URL: http://www.igeba.de/aplicacion/lucha-antiparasitaria/parasitos.html.

- Adams, G.A. y Wall, D.H. 2000. Biodiversity above and below the surface of sails and sediments: Linkages and implications for global change. Bioscience, 50, 1043-1048.

- Alegre, J., Ricse, A., Arévalo, L., Barbarán J. y Palm, C. 2000. Reservas de Carbono en diferentes sistemas de uso de la tierra en la amazonía peruana. Consorcio para el Desarrollo Sostenible de Ucayali (CODESU) Boletín informativo. 12: 8-9.

- Álvarez, A. (2006). El cambio climático y el sector agrario cubano: Presentación al Consejo Técnico Asesor del Ministerio de la Agricultura. Instituto de Investigaciones Forestales, Marzo. C. Habana. 26 p.

- Álvarez, A., Mercadet, Alicia., Ortiz, O. 2007. La economía ecológica vista en la retención y secuestro de carbono como una vía para mitigar el cambio climático en el sector forestal. En: 4to Congreso Forestal de Cuba, Palacio de Las Convenciones. La Habana. Memorias. CD-ROM. ISBN 978-959-282-048-7.

- Andare, H.J. 1999. Dinámica productiva de sistemas silvopastoriles con Acacia mangiumyEucalyptusdeglupta en el trópico húmedo. Tesis Ms.C. Turrialba, Costa Rica. CATIE. 70 p.

- Apps, M.J. 2011. Bosques, el ciclo mundial del carbono y el cambio climático. En página Web: HTTP://WWW.FAO.ORG/DOCREP/ARTICLE/WFC/XII/MS14-S.HTM. Consultado: 29/10/2011.

- Araujo, T. M.; Higuchi, N.; De Carvalho Junior, J. A. 1999. Comparison of formulae for biomass content determination in a tropical rain forest site in the state of Pará, Brazil. Forest Ecology and Management. 117: 43-52.

- Asquith, N. 2000. El Protocolo de Kyoto, la OIMT y los bosques tropicales. Rev. Actualidad Forestal Tropical, Vol. 8, N° 3. OIMT, Yokohama, Japón. p. 8-9.

- Azcón-Bieto, J; A. Pardo; Núria Gómez; JJ Irigoyen, M. Sánchez. 2003. Respuestas de la fotosíntesis y la respiración en un medio ambiente variable. La ecofisiología vegetal: Una ciencia de síntesis. Capítulo 28; España, p. 874.

- Ball, P. (2002). Los bosques y el calentamiento global. El escéptico digital. ARP-Sociedad para el Avance del Pensamiento Crítico. 4 p.

- Bautista, R. y Lebrija, Adriana. (2008). Los productos de excreción-secreción de Fasciolahepática disminuyen la producción de células productoras de anticuerpos contra antígenos timodependientes en ratones. Rev. Vet. Méx.; 39 (4): 429- 433.

- Berdasquera, D. (2007). Epidemiología, Vigilancia y Control de la Leptospirosis en Humanos. Rev. Medicina Tropical; 44 (2): 98-99.

- Betts, R. A., Cox, P. M., Lee, S. E. & Woodward, F. I. 1997. Contrasting physiological and structural vegetation feedbacks in climate change simulations. Nature 387: 796-799.

- Biología Moderna # 4. Autor: Héctor Manuel Rodríguez.

- Bosio, G. y Bergagna, H. (2004). Las enfermedades zoonóticas y su relación con el Medio Ambiente. [Consultado: 2/marzo/2012] Disponible en URL: http://www. Ingenieroambiental.com/?pagina=800.

- Boukhari, Sophie. 1999. Los bosques podrían cumplir un papel decisivo en la lucha contra el efecto de invernadero. En página Web: http://www.unesco.org/courier/1999. Consultado: 15-09-2009.

- Braselli, A. (2012). Leptospirosis. [Consultado: 17/mayo/2012] Disponible en URL: http://www.infecto.edu.uy/revisiontemas/tema25/leptospirosis.htm.

- Bretscher, D. 2005. "Gases con Efecto Invernadero y Agricultura Orgánica". Proyecto de Investigación. San José, Costa Rica, 2005. Disponible en página Web: www.cedeco.or.cr/investigacion. Consultado: 4-04-09.

- Briones, S. (2012). Control y monitoreo de enfermedades zoonósicas. [Consultado: 12/mayo/2012] Disponible en URL: http://www.eldiario.com.ec/noticias-manabi-ecuador/218771-control-y-monitoreo-de-enfermedades-zoonosicas/.

- Brown, P., Cabarle, B., Livernash, R. 1997. Carbon counts: Estimating climate change mitigation in forestry projects. Estados Unidos, World Resources Institute. 25 p.

- Brown, S. 1996. Influencia de los bosques. Revista Unasylva. Volumen 47. No. 185. Pág 3-10.

- Brown, S. 1997. Estimating biomass and biomass change of tropical forests. A primer. FAO, Montes134. Roma. 55 p.

- Brown, S.; Gillespie, A.J.R.; Lugo, A.E. 1989. Biomass estimation methods for tropical forests with applications to forest inventory data. ForestScience 35: 881-902.

- Burgos F. Gabriel, Romero S. Lilia, Editorial. Mc Graw Hill. Interamericanas Editores S.A. de C.V. 2da Edición. Julio 2004

- Cairo, P. 2006. Edafología práctica. Memoria magnética. Facultad de ciencias agropecuarias. Universidad Central"Marta Abreu de Las Villas". 200p.

- Calderón, G. (2011). Prevención y control de roedores (ratas y ratones). [Consultado: 2/mayo/2012] Disponible en URL: http://www.madridsalud.es/salud_publica/plagas/prev_control_roedores1.php.

- Castro G. 2009. Los bosques y el cambio climático. Declaración de Heredia. Clima, bosques y plantaciones. Heredia, 28 de marzo de 2009. En página Web: http://www.otrosmundoschiapas.org/. Consultado 15-09-2009.

- Castro, J., y Amador, M. 2007. Emisión de gases de efecto invernadero y agricultura orgánica. Consultado 12 de febrero, 2008, En página Web: http://www.cedeco.or.cr/investigacion.htm. Consultado: 25-07-2011.

- Chaico, E. (2012). Fasciolosis hepática en Humanos. [Consultado: 2/mayo/2012] Disponible en URL: http://www.monografias.com/trabajos73/fasciolosishepaticahumanos/fasciolosis hepaticahumanos.shtml.

- Chávez, P. (2010). Reseña histórica sobre la Medicina Veterinaria en caso de desastre en Cuba. [Consultado: 11/mayo/2012] Disponible en URL: http://www.veterinaria.org/revistas/redvet.

- Chin, J. (2012). Especies y hábitat de los roedores. [Consultado: 12/mayo/2012] Disponible en URL: http://www.plagasydesinfeccion.com/roedores/.

- Cooker, A. (2000). Zoonotic infectious in Nigeria overview from a medical perspective. Rev. Acta Tropical; 76 (1): 59-63.

- Cox, P. M., Betts, R. A., Jones, C. D., Spall, S. A. &Totterdell, I. J. 2000. Acceleration of global warming due to carbon-cycle feedbacks in a coupled climate model. Nature 409: 184-187.

- Dabanch, J. (2012). Infectología. [Consultado: 3/marzo/2012] Disponible en URL: http://www.scielo.cl/scielo.php?script=sciarttext&pid=S0716-10182003020100008.

- De la Osa, J. (2011). Dos años sin rabia humana, pero existe el riesgo. [Consultado: 20/febrero/2012] Disponible en URL: http://www.granma.cubaweb.cu/2011/02/13/nacional/artic05.html.

- De La Vega, J. A. 2000. Calentamiento global - captura de carbono. En página Web: http://www.ecoportal.net/content/view/full/69505. Consultado: 20-08-2009.

- Del Puerto, C.; Barceló, C.; Cañas, Regla; Cepero, J.; Concepción, Miriam; Gonzáles, E.; Prieto, V. y Torres, Teresa. (2000). Manual de Vigilancia Sanitaria del Agua de Consumo. Ediciones INHEM, la Habana, Cuba:37- 38.

- Delgado, R. (2011). Los animales domésticos pueden suponer un riesgo para nuestra salud. [Consultado: 20/mayo/2012] Disponible en URL: http://www.vitonica.com/prevencion/los-animales-domesticospuedensuponerunriesgo-para-nuestra-salud.

- Diaz, P.; Teixeira, G. y Costa, C. (2007). Factors associated with Leptospira sp infection in a large urban center in northeastern Brazil. Rev. Medicina Tropical; 40 (5): 499-504.

- Díaz, R.; Gonzáles, D.; Millán, Lesly María; Garcés, Madelyn; Medina, Rosa y Millán, C. (2005). Íctero obstructivo, Fasciola hepática: presentación de un nuevo caso. Rev. MedicinaTropical; 57 (2): 151-153.

- Dixon, R. K., Solomon, A. M., Brown, S., Houghton,R. A., Trexier, M. C. y Wisniewski, J. 1994. Carbon Pools and Flux of Global Forest Ecosystems, en Science magazine,Vol. 263, no. 5144, 1994.

- Dixon, R.K. 1995. Agroforestry systems: Sources or sinks of greenhouse gases. Agroforestry systems 31: 99-116.

- Domenech, J.; Lubroth, J. y Eddi, C. (2006). Regional and international approaches on prevention and control of animal transboundary and emerging diseases. Rev. Acta Tropical; 10 (2): 90-107.

- Domínguez, L. (2010). Medidas higiénicas para minimizar los riesgo en caso de desastre. [Consultado: 15/mayo/2012] Disponible en URL: http://www.granma.cubaweb.cu/2010/05/26/nacional/artic17.html.

- Duxbury J.M. 1995. The Significance of Greenhouse Gas Emissions from Soils of Tropical Agroecosystems. In: Advances in Soil Science: Soil Management and Greenhouse Effect, Ed. R. Lal, 1995; p. 279-291.

- Enciclopedia Ilustrada Cumbre: Tomo: # 9. Autor: Julio Pastor.

- Enciclopedia Interactiva Santillana: Edición: 1995.

- Ernst, W.M. y Thomas H. 1999. Oil Palm – The Great Crop of South East Asia: Potential, Nutrition and Management. Conference for Asia and the Pacific, Kuala Lumpur, Malaysia, 14-17 November.

- Estela, L.B. 2010. El cambio climático: sus orígenes, los impactos potenciales, las medidas de mitigación y adaptación más apropiadas. Revista electrónica de veterinaria. ISSN 1695-7504. Volumen 11. Número 03B. En página Web: http://www.veterinaria.org/revistas/redvet. Consultado (22-04-2011).

- Falkowski, P., Scholes, R. J., Boyle, E., Canadell, J., Canfield, D., Elser, J., Gruber, N., Hibbard, K., Hogbeg, P., Linder, S., MacKenzie, A. F., Moore, B. III, Pedersen, T. F., Rosenthal, Y., Seitzinger, S., Smetacek, V. & Steffen, W. 2000. The global carbon cycle: a test of our knowledge of Earth as a system. Science 290: 291-296.

- FAO .2000. La evaluación del alamcenamiento de carbono en el suelo y los principales cambios. Depósito Documento FAO. Versión PDF. En página Web: www.fao.org/WAICENT/FAOINFO/AGRICULT/AGL/agl/globdir/index.htmConsul tado: 25-06-2010.

- FAO. 2000 a. Tendencia general de la captura de carbono en el suelo. Depósito Documento FAO. Versión PDF. En página Web: www.fao.org/docrep/005/Y2779S/y2779s04.htm. Consultado: 25-06-2010.

- FAO. 2003. Situación de los bosques del mundo. Roma, Italia. p. 25-30.

- Fearnside, P.M. 2000. El cambio climático y los bosques. En página Web:http://www.cambio-climatico.com/el-cambio-climatico-y-los-bosques-en-el-dia-mundial-forestal. Consultado 08-04-09.

- Fimia, R.; Vázquez, A.; Rodríguez, Y.; Cepero, O. y Pereira, C. (2010). Malacofauna fluviátil con importancia médica en el municipio Yaguajay. Rev. Medicina Tropical; 62 (1): 10-17.

- Garcia, J.C. 2011. Secuestro de carbono y emisiones de gases de efecto invernadero en tres fincas de la provincia de Villa Clara. Tesis Ms.C. Facultad de Ciencias Agropecuarias. Universidad Central "Marta Abreu" de Las Villas. Cuba. 40 p.

- Gardner, B. (2012). Concepto de peligro. [Consultado: 20/abril/2012] Disponible en URL: http://deconceptos.com/general/peligro.

- GEF (Global Environment Facility). 1996. Operational Strategy of the Global Environment Facility. 3 ClimateChange. En página Web: http://www.gefweb.org/public/opstrat/ch3.htm.Consultado: 28-2-2011.

- Generalidades del aire. Disponible en: http://www.atsdr.cdc.gov/es/general/aire/es_theair.pdf: actualizada 8 noviembre 2008; acceso 17 septiembre 2009].

- Generalidades del aire. Disponible en: http://www.atsdr.cdc.gov/es/general/aire/es_theair.pdf: actualizada 8 noviembre 2008; acceso 17 septiembre 2009].

- Geografía Mundial: Autor: Juan Colón.

- GIECC. 2005. La captación y almacenamiento de dióxido de carbono. Resumen para responsables de políticas y resumen técnico. Informe especial del IPCC. ISBN 92-9169-319-7.

- Gongalves, D. y Teles, S. (2006). Seroepidemiology and occupational and environmental variables for leptospirosis, brucellosis and toxoplasmosis in slaughterhouse workers in the ParanaState, Brazil. Rev. Medicina Tropical; 48 (3): 135-140.

- González, A.; Rodríguez, Yoandra; Batista, Niurka; Valdés, A. y González, Marta. (2003). Caracterización microbiológica de cepas candidatas vacunales de LeptospirainterrogansserogrupoBallum. Rev. Medicina Tropical; 55 (3): 146-152.

- González, N. (1987). Estudio zoohigiénico de los suministros de agua en las instalaciones porcinas. Rev. Producción Animal; 13 (3): 241-242.

- González, R.; Pérez, M. y Brito, S. (2007). Fasciolosis Bovina. Evaluación de las principales pérdidas provocadas en una empresa ganadera. Rev. Salud Anim.; 29 (3): 167-175.

- Granada, P. 2005. Cuaderno "Sumideros de Carbono en los Andes Ecuatorianos", Colección del WRM sobre plantaciones. No.1, Montevideo, Uruguay, 2005.

- Greenpeace. 2000. Los sumideros de carbono no son una verdadera solución para el cambio climático. Campaña Energía. Resumen de Temas sobre la COP6. Greenpeace Argentina. Buenos Aires. 3 p.

- Guerrero, V. 1999. Fertilidad, Conservación y Manejo del suelo .Manual para promotores comunitarios. Centro de Capacitación Femenina.

- Guía de educación ambiental para docentes - Ministerio de Educación.Ecología y salud.

- Hartskeerl, R. (2005). International Leptospirosis Society: objectives and achievements. Rev. Medicina Tropical; 57 (1): 3.

- Hernández, A., Morales, Marisol., Morell, F., Borges, Yenia., Moreno, Irene., Ríos, H. y Vargas, Dania. 2007. Algunos resultados sobre las pérdidas de Carbono en ecosistemas con suelos Ferralíticos rojos lixiviados en clima tropical subhúmedo de Cuba. CultivosTropicales, 2007, vol. 28, no. 3, p. 55-60.

- Hernández, S.; Ferrer, M. y Ovall, D. (2005). Outbreaks of animal and human leptospirosis in theprovince of Ciego de Avila. Rev. Medicina Tropical; 57 (1): 79-80.

- Houghton, R. A. 2003. Why are estimates of the terrestrial carbon balance so different? Global BiogeochemicalCycles. 12 p.

- Houhgton, R.A., Skole, D.L. y Lefkowitz, D.S. 1991.Changes in landscape of Latin America between 1850 and 1985, 2: Net release of CO2 to the atmosphere. Forest Ecology and Management. No. 38.

-   http://www.taringa.net/posts/ciencia-educacion/14112869/Ensayo Sobre la Contaminación en el Aire.html

- Humanidad y Naturaleza: Autor: José SerrulleRamia.

- Iannacone, J.; Caballero, C. y Alvariño, L. (2003). Empleo del caracol de agua dulce como herramientaecotoxicológica para la evaluación de riesgos ambientales por plaguicidas. Rev. Tecnología Agrícola; 62 (2): 212-225.

- Ibrahim, M., Chacón, M., Mora, J., Zamora, S., Gobbi, J., Llanderal, T., Harvey, A., Murgueitio, E., Casasola, F., Villanueva, C., Ramírez, E. (2005). Opportunities for carbon sequestration and conservation of water resources on landscapes dominated by cattle production in Central America. In Henry A.Wallace/CATIE Inter-American Scientific Conference Series, ¨Integrated management of environment services in human-dominated tropicallandscape" (4, Costa Rica, 2005).

- Inuo, G.; Akao, N.; Kohsaka, H.; Saito, I.; Miyasaka, N. y Fujita, K. (2005). Toxocaracanisadult worm antigen induces proliferative response of healthy human peripheral blood mononuclear cell. Rev. Acta Tropical; 17 (1): 77-79.

- IPCC, 1996. Intergovernmental Panel on Climate Change. Report of the twelfth session of the intergovernmental panel on climate change. Reference manual and workbook of the IPCC 1996 revised guidelines for national greenhouse gas inventories. Mexico City, 11 – 13 September 1996.

- IPCC, 2000. Methodological and Technical Issues in Technology Transfer. A Special Report of IPCC Working Group III [Metz, B., O.R. Davidson, J.-W. Martens, S.N.M. van Rooijen, y L. van WieMcGrory (eds.)] Cambridge

UniversityPress, Cambridge, Reino Unido y Nueva York, NY, Estados Unidos, 466 pág.

- IPCC, 2001. Tercer informe de Evaluación. Cambio climático 2001. La base científica. Resumen para responsables de políticas y Resumen técnico. Informe del grupo de trabajo I del grupo intergubernamental de expertos sobre el cambio climático.

- IPCC, 2005 a. Tendencias de las emisiones de gases de efecto invernadero. En página Web: www.ipcc.ch. Consultado: 12-05-2010.

- IPCC, 2005. Tecnologías, políticas y medidas para mitigar el cambio climático. Grupo Intergubernamental de Expertos sobre el Cambio Climático. ISBN: 92-9169-300-6. 1996. Disponible en www.ipcc.ch. Consultado: 12-05-2011.

- James, A. y Bruce, C. (2000). Genetics of Mosquito Vector Competence. Rev. Medicina Tropical; 64 (1): 115-137.

- Jandl, R. (2003). Secuestro de carbono en bosques- El papel del suelo. Forestal Iberoamericana versión electrónica. Vol.1, N° 1. IUFRO. p. 57.

- Kanninen, M. 1998. Secuestro de Carbono en bosques, su papel en el ciclo global. En página Web: http://www.fao.org/DOCREP/006/Y4435S/y4435s09.htm. Consultado: 26-07-2010.

- Konradsen, F. y Amerasinghe, F. (2003). Human fascioliasis problem in a high-altitude area of Perú. Rev. Medicina Tropical; 8 (2): 191.

- Krauss, H.; Weber, A. y Appel, M. (2003). Zoonoses: Infectious Diseases Transmissible from Animals to Humans. [Consultado: 22/mayo/2012] Disponible en URL: http://es.wikipedia.org/wiki/Zoonosis.

- Kurz, W.A.; Beukema, S.J.; Apps, M.J. 1996. Estimation of root biomass and dynamics for the carbon budget model of the Canadian forest sector. Canadian journal of forest research 26: 1973-1979.

- Lapeyre, G., Klein, P., Bach, L.H. 2004. Determinación de las reservas de carbono de la biomasa aérea, en diferentes sistemas de uso de la tierra en San Martín, Perú. En: Ecología Aplicada, 3(1,2).

- Lecha, L. 2009. El Cambio Climático y sus Efectos Potenciales en la Provincia de Villa Clara. Centro de Estudios y Servicios Ambientales de Villa Clara, Ministerio de Ciencia, Tecnología y Medio Ambiente.

- Lohmann, L. 2000. El mercado del carbono: Sembrando más problemas. Documento Informativo. Campaña de Plantaciones. Movimiento Mundial por los Bosques Tropicales. Montevideo, Uruguay. 14 p.

- López, A. 1998. Aporte de los sistemas silvopastoriles al secuestro de carbono en el suelo. Tesis Ms.C. Turrialba, Costa Rica. CATIE. 74p.

- Lounibos, L.P. (2003). Invasions by insect vectors of human disease. Rev. Acta Tropical; 47 (2): 233-234.

- Luna, A.; Moles, C.; Gavaldón, R.; Nava, V. y Salazar, G. (2008). La leptospirosis canina y su problemática en México. Rev. Salud Anim.; 30 (1): 1-11.

- MacDiken, K. 1997. A Guide to Monitoring Carbon Storage in Forestry and Agroforestry Projects. Winrock International, 1611 N. Kent St., Suite 600, Arlington, VA 22209, USA. 87 p.

- Magdoff, F. 1997. "Calidad y manejo del suelo"Bases Científicas para una Agricultura Sustentable. Consorcio Latinoamericano sobre Agroecología y desarrollo. Grupo Gestor Cubana de Agricultura Orgánica. La Habana. Cuba 211pp.

- Marín, R.; Marquetti, María del Carmen y Díaz, Mariela. (2009). Índices larvales de Aedes aegypti antes y después de intervenciones de control en Limón, Costa Rica. [Consultado: 5/marzo/2009] Disponible en: http://scielo.sld.cu/scielo.php?script=sci_arttext&pid=S0375-07602009000200008 &lng=es&nrm=iso&tlng=es.

- Marland, G., y B. Schlamadinger. 1998 ¿Bosques para la captación y retención del carbono o para la sustitución de los combustibles fósiles? Un análisis de sensibilidad. Bosques y cambio climático y la función de los bosques como sumideros de carbono. N° 4. p. 131.

- Martínez, G. (2005). Introducción al Análisis de Riesgos. [Consultado: 18/abril/2012] Disponible en URL: http://www.monografias.com/trabajos12/tipriesg/tipriesg.shtml.

- Martínez, I. (2004). Enfermedades transmitidas por la contaminación del agua y los alimentos. [Consultado: 11/mayo/2012] Disponible en URL: http://www.analitica.com/vam/1999.03/ciencia/Default.htm.

- Martínez, I.; Gutiérrez, Elena Marcia; Alpízar, E. y Pimienta, R. (2008). Contaminación parasitaria en heces de perros, recolectadas en las calles de la ciudad de San Cristóbal de las Casas, Chiapas, México. Rev. Vet. Méx.; 39 (2): 173- 180.

- Masera, O. 1995. México y el cambio climático global: El papel de la eficiencia energética y alternativas de manejo forestal en la reducción de emisiones de bióxido de carbono». En: Juan J. Jardón (ed.). Energía y medio ambiente: Una perspectiva económico-social. Plaza y Valdés Editores, México, pp 157-177.

- Méndez, Nidia Elina; Arada, Amaelis; Casado, S.; Rodríguez, J. y Reyes, Cándida Moraima. (2011). A proposal for a strategy of health intervention to manage leptospirosis in children. [Consultado: 5/marzo/2011] Disponible en: http://www.google.com/url?sa=t&source=web&cd=1&ved=0CBUQhgIwAA&url= http%3A%2F%2Fscielo.sld.cu%2Fpdf%2Frpr%2Fv14n1%2Frpr20110.pdf&rct=j &q=importancia%20epidemiol%C3%B3gica%20de%20la%20tenencia%20de% 20animales%20dom%C3%A9stocos%20en%20los%20hogares%20cubanos&e i=uf1zTbn0EsL88Aa4nJSCDw&usg=AFQjCNEuUE9wgnBxahXLj9xzCDsqA-ZNwQ&cad=rja

- Mercadet, Alicia. Y Álvares, A. 2005. Metodología para el cálculo de Carbono. Informe final del subproyecto 11.25.03, del informe final del proyecto "Cambio Climático y el Sector Forestal Cubano": segunda aproximación.

- Metz, B. (2012). Definición de medio ambiente. [Consultado: 16/abril/2012] Disponible en URL: http://definicion.de/medio-ambiente/.

- Mogena, O. E. 2007. Estudio sobre la mitigación de cambio climático por los bosques de la empresa forestal integral Bayamo. En: 4to Congreso Forestal de Cuba, Palacio de Las Convenciones. La Habana. Memorias. CD-ROM. ISBN 978-959-282-048-7.

- Monath, T.P. (1994). Yellow fever and dengue-the interactions of virus, vector and host in the reemergence of epidemic disease. Rev. Acta Tropical; 5 (2): 133-45.

- Muñoz, M. y Alba, F. (2010). Antígenos de secreción de Toxocaracanis reconocidos por cachorros del área metropolitana de la Ciudad de México. Rev. Vet. Méx.; 41 (1): 59-64.

- Norma Cubana (NC 827). (2010). Agua Potable. Requisitos sanitarios. Oficina Nacional de Normalización.

- Norma Cubana (NC 93-02). (1985). Agua Potable. Requisitos sanitarios y muestreo. Oficina Nacional de Normalización.

- Norma Ramal de la Agricultura (NRAG 673). (1986). Leptospirosis. Diagnóstico de Laboratorio. Oficina Nacional de Normalización.

- Norma Ramal de la Agricultura (NRAG 686). (1986). Diagnóstico Veterinario. Examen helmintológico. Diagnóstico de Laboratorio. Oficina Nacional de Normalización.

- Ogunlate, D. (2012). Programa de saneamiento ambiental. [Consultado: 15/mayo/2012] Disponible en URL: http://www.oas.org/dsd/publications/unit/oeao30s/ch062.htm.

- OMM. 2002. WMO Statement on the status of the global climate in 2001. WMO-No. 940. Ginebra.

- OMS. (2011). Definición de salud. [Consultado: 12/abril/2012] Disponible en URL: http://definicion.de/salud/.

- OMS. (2012). Rabia. [Consultado: 11/mayo/2012] Disponible en URL: http://www.who.int/topics/rabies/es/.

- OMS. (2012). Salud ambiental. [Consultado: 14/abril/2012] Disponible en URL: http://www.who.int/topics/environmental_health/es/.

- OPS. (2009). En la salud y el ambiente rural. [Consultado: 20/mayo/2012] Disponible en URL: http://www.col.ops-oms.org/saludambiental/saneamiento.asp.

- OPS. (2010). Emengene and vector control alter natural disaster. Consultado: 20/mayo/2012] Disponible en URL: http://www.paho.org/common/Display.asp?Lang=S&RecID=11530.

- OPS. (2012). El control de las enfermedades transmisibles en el hombre. [Consultado: 11/mayo/2012] Disponible en URL: http://www.paho.org/spanish/ad/dpc/vp/zoonosis.htm?Page=Recursos.

- Opuni-Frimpong, E. 2002. Informe sobre una beca. Actualidad Forestal Tropical. Vol.10, N° 3. OIMT, Yokohama, Japón. p. 23.

- Ortiz, M. E. 1993. Técnicas para la estimación del crecimiento y rendimiento de árboles individuales y bosques. Instituto Tecnológico de Costa Rica. Departamento de Ingeniería Forestal. Serie de Apoyo Académico No. 16. Cartago, Costa Rica. 71 p.

- Padilla, O. (2012). Comportamiento de la mortalidad por leptospirosis en Cuba. [Consultado: 14/mayo/2012] Disponible en URL: http://scielo.sld.cu/scielo.php?pid=S037507601998000100012&script=sci_artte xt.

- Pelayo, S. (2008). Zooantroponosis. Editorial Ciencias Médicas. La Habana. Cuba.

- Pequeño Larousse Ilustrado: Autor: Ramón García Pelayo y Gross.

- Perera, G. y Yong, M. (1985). Biología, ecología y control de los hospederos intermediarios de enfermedades tropicales. Instituto de Medicina Tropical "Pedro Kourí": 98.

- Pérez, J.; Gonzáles, R. y Fimia, R. (2010). Comportamiento entomoepidemiológico del mosquito Stegomyia aegypti (Linnaeus, 1762) en el Policlínico "Capitán Roberto Fleites," municipio Santa Clara. [Consultado: 22/diciembre/2011] Disponible en: http://www.veterinaria.org/revistas/redvet/n030310B.html.

- Pérez, M. (2012). Efectos de la urbanización en la salud de la población. [Consultado: 29/febrero/2012] Disponible en URL: http://www.slan.org.ve/publicaciones/completas/efectourbanizaciosaludpoblacio n.asp.

- PNUMA, y OMM. 2005. La captación y el almacenamiento de dióxido de carbono. En página Web: http://www.ipcc.ch. Consultado: 15-09-2009.

- Pontificia Universidad Católica del Perú. Facultad de Ciencias y Artes de la Comunicación. Publicación del Curso de PeriodismoDigital: "Súper Árbol" una solución a la contaminación. 2007. Disponible en: http://revistas.pucp.edu.pe/willay/node/384.

- Powell, M., Delaney, M. 1998. Carbon sequestration and sustainable coffee in Guatemala. Final Report. Winrock International. 14 p.

- Reilly, J., Stone, P. H., Forest, C. E., Webster, M. D., Jacoby, G. C. &Prinn, R. G. 2001. Uncertainty and climate change assessments. Science 293: 430-433.

- Ríos, H., Vargas, Dania, Miranda, Sandra, Funes, F. y García, E. 2006. Proyecto "Fitomejoramiento Participativo Fase II, Programa para Fortalecer la Innovación Agrícola Local", INCA.

- Roch, A. (2012). Definición de Ambiente. [Consultado: 15/abril/2012] Disponible en URL: http://www.definicionabc.com/general/ambiente.php.

- Saber, L.; Lee, K.; Cannito, B.; Gilmore, A.; Campbell, D. (2004). Globalization and infectious diseases: a Review of the Linkages. Document TDR/STR/SEB/ST/04.2. Geneva: World Health Organization.

- Samartino, L. y Eddi, C. (2008). Zoonosis de las áreas urbanas y periurbanas de América Latina. [Consultado: 5/marzo/2009] Disponible en: http://cnia.inta.gov.ar/helminto/Zoonosis/zoonosis%20urbanas.htm.

- Sarmiento, J. L., Hughes, T. M. C., Stouffer, R. J. & Manabe, S. 1998. Simulated response of the ocean carbon cycle to anthropogenic climate warming. Nature 393: 245-249.

- Sarre, A. 1994. Los bosques tropicales como sumideros de carbono. Actualidad Forestal Tropical. Vol. 2, N° 2, abril-junio. OIMT, Yokohama, Japón. p. 6.

- Schlesinger, 1997: El cambio climático y los bosques. En página Web: http://www.ecosur.net/cambio_climatico_y_los_bosques.html Consultado: 08-04-2009.

- SchlÖnvoigt, A.; Chesney, P.; Schaller, M.; Van Canten, R. 2000. Estudios ecológicos de raíces en sistemas agroforestales: experiencias metodológicas en el CATIE. Borrador.

- Schweigmann, N. (2005). El agua: no tan buena como la pintan. [Consultado: 15/mayo/2012] Disponible en URL: http://www.oni.escuelas.edu.ar/olimpi2000/capfed/elagua/impacto/medio/enfer me.htm.

- Segura, M. 1997. Almacenamiento y fijación de carbono en Quercus costaricensis, en un bosque de altura en la Cordillera de Talamanca, Costa Rica. Escuela de Ciencias Ambientales. Facultad de Ciencias de la Tierra y el Mar. Universidad Nacional. Tesis Licenciatura. Heredia, Costa Rica. 147 p.

- Silveira, E. y Rojas, I. (2010). El medio ambiente y su estado mayor: Los generales invierno, verano, lluvia, seca y otros oficiales. Séptimo Congreso Internacional de Ciencias Veterinarias. La Habana. Cuba: 11-12.

- Simula, M y D. Burger. 2003. Misión brasileña para lograr la OFS. Actualidad Forestal Tropical. Vol.11, N° 1, OIMT; Yokohama, Japón. p. 5.

- Smith, H. J., Fischer, H., Wahlen, M., Mastroianni, D. & Deck, B. 1999. Dual modes of the carbon cycle since the last glacial maximum. Nature 400:248-250.

- Smith, P. 1993. Captura de Carbono en un bosque templado: el caso de San Juan Nuevo, Michoacán. México.

- Snowdon, P.; Raison, J.; Keith, H.; Montagu, K.; Bi, K.; Ritson, P.; Grierson, P.; Adams, M.; Burrous, W.; Eamus, D. 2001. Protocol for sampling tree and stand biomass. National carbon accounting system technical report No. 31. Draft-March 2001. Australian Greenhouse Office. 114 p.

- Soliz. S, B. G. 1998. Valoración económica del almacenamiento y fijación de carbono en un bosque subhúmedo estacional de Santa Cruz, Bolivia. Tesis Ms.C. Turrialba, Costa Rica. CATIE. 113 p.

- Sorensen, K. W. 1994. Los cambios climáticos y la biodiversidad. Actualidad Forestal Tropical. Vol. 2, N° 2, abril-junio. OIMT, Yokohama, Japón. p. 4-11.

- Stuart, L. y Brough, Y. (2003). Coccodiosis, the Jocker in the Pack. Rev. Medicina Tropical; 3 (1): 52-53.

- Sysfres, B. (2012). Rabia. [Consultado: 21/mayo/2012] Disponible en URL: http://www.monografias.com/trabajos12/rabia/rabia.shtml.

- Taranto, N. J.; Passamonte, L. y Marinconz, R. (2011). Parasitosis zoonóticas transmitidas por perros en el chaco salteño. [Consultado: 26/mayo/2012] Disponible en URL: http://www.medicinabuenosaires.com/revistas/vol6000/2/parasitosis.htm.

- Trujillo, M.; Flores, A.; Jiménez, J. (2005). Tratamiento de la sarna en cerdos. [Consultado: 24/febrero/2012] Disponible en URL: http:// www.webveterinaria.com/virbac/sarna.pdf.

- UNFCCC (United Nations Framework Convention on Climate Change). 2002. Report of the Conference of the Parties on its Seventh Session, held at

Marrakesh from 29 October to 10 November 2001. FCCC/CP/2001/13 - 21 January 2002. 68 p.

- Valdés, L. (2008). Enfermedades Emergentes y Reemergentes. Editorial Ciencias Médicas. La Habana. Cuba.

- Valle, Y.; Guerra, Y.; Mencho, J.D. y Vázquez, A. (2006). Comparación del parasitismo gastrointestinal en cerdos estatales y privados en diferentes categorías. Rev. Producción Animal; 18 (2): 141-144.

- Vázquez, A. y Gutiérrez, A. (2007). Ecología de moluscos fluviales de importancia médica y veterinaria en 3 localidades de La Habana. [Consultado: 24/mayo/2012] Disponible en URL: http://bvs.sld.cu/revistas/mtr/vol59207/mtr11207.htm.

- Vázquez, Idania. (2011). De olores y otros demonios. Periódico Vanguardia; 49 (23): 2.

- Villalobos, S. F. 2005. Estimación del Costo Marginal de los Servicios de Fijación de Carbono en Costa Rica.

- Vine, E.; Sathaye, J.; Makundi, W. 1999. Guidelines for the monitoring, evaluation, reporting, verification, and certification of forestry projects for climate change mitigation.

- Webster, J.; Ellis, W. y McDonald, D. (1995). Prevalence of leptospira spp. in wild born brown rats (Ratusnorvegicus) on UK farms. Rev. Acta Tropical; 14 (1): 195-201.

- Welch, P.; Clarke, A.; Trinidade, D.; Pender, S. y Bernstein, L. (2000). Microbial quality of water in rural communities of Trinidad. Rev. Panamericana de Salud Pública; 8 (3): 172-180.

- Wisner, B. y Adams, J. (2002). World Health Organization. Environmental health and emergency. Emergencies and disasters: A practical guide. eds. Ginebra: WHO.

- Wisner, B. y Adams, J. (2003). Environmental health and emergency. [Consultado: 25/mayo/2012] Disponible en URL: http://www.col.ops-oms.org/saludambiental/saneamiento.asp.

- Yassi, A.; Kydestrom, T.; Kok, T. y Guidotti, T. (2002). Salud Ambiental Básica. [Consultado: 5/marzo/2009] Disponible en: http://www.google.com/url?sa=t&source=web&cd=6&ved=0CDsQFjAF&url=http%3A%2F%2Fwww.ambiente.gov.ar%2Finfotecaea%2Fdescargas%2Fyassi01.pdf&rct=j&q=Agua%20segura%20y%20suficiente%20para%20un%20ambiente%20saludable&ei=k23hTa-MEMHq0gHEz_ypBw&usg=AFQjCNGhXLg8lWhsk61 LBJShC3g5 evz 1WQ &cad=rja

- Yassi, A.; Kydestrom, T.; Kok, T.; Guidotti, T. (2008). Patrones de las enfermedades en el mundo. Salud ambiental básica. Editorial Ciencias Médicas. La Habana. Cuba: 36-39.

Buy your books fast and straightforward online - at one of world's fastest growing online book stores! Environmentally sound due to Print-on-Demand technologies.

Buy your books online at
www.morebooks.shop

¡Compre sus libros rápido y directo en internet, en una de las librerías en línea con mayor crecimiento en el mundo! Producción que protege el medio ambiente a través de las tecnologías de impresión bajo demanda.

Compre sus libros online en
www.morebooks.shop

KS OmniScriptum Publishing
Brivibas gatve 197
LV-1039 Riga, Latvia
Telefax: +371 686 204 55

info@omniscriptum.com
www.omniscriptum.com

Printed by Books on Demand GmbH, Norderstedt / Germany